왜 침이 나와요?

왜 침이 나와요?

해리엇 브런들 글
이계순 옮김
서영균 감수

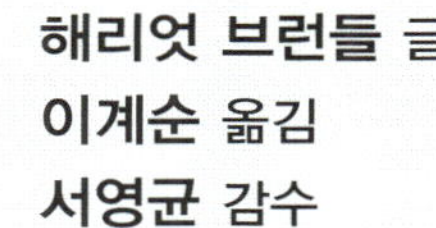

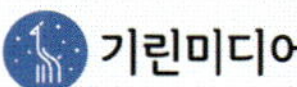

차례

이렇게
<u>밑줄</u>이 그어진
단어의 뜻은
26쪽에 있어요.

입에 침이 고여 있나요?

저녁을 맛있게 먹는 모습을 상상해 봐요.
생각만 해도 침이 꿀깍꿀깍 넘어가나요?

잠에서 깼을 때, 베개가 침으로
축축했던 적이 있나요?

침은 매일
많이 나와요.
그런데 침이란
무엇일까요? 침은 왜
나오는 걸까요?

오물오물, 우적우적

우리는 이로 음식을 잘게 조각내요. 잘게 조각난 음식은 몸에서 쉽게 소화되지요.

음식을 씹으면 입에서 침이 많이 나와요. 침 덕분에, 음식을 입에 넣는
순간부터 소화가 시작돼요.

입안에는 무엇이 있을까요?

입안에는 소화 기관이 있어서 음식을 분해하는 데 도움을 줘요.

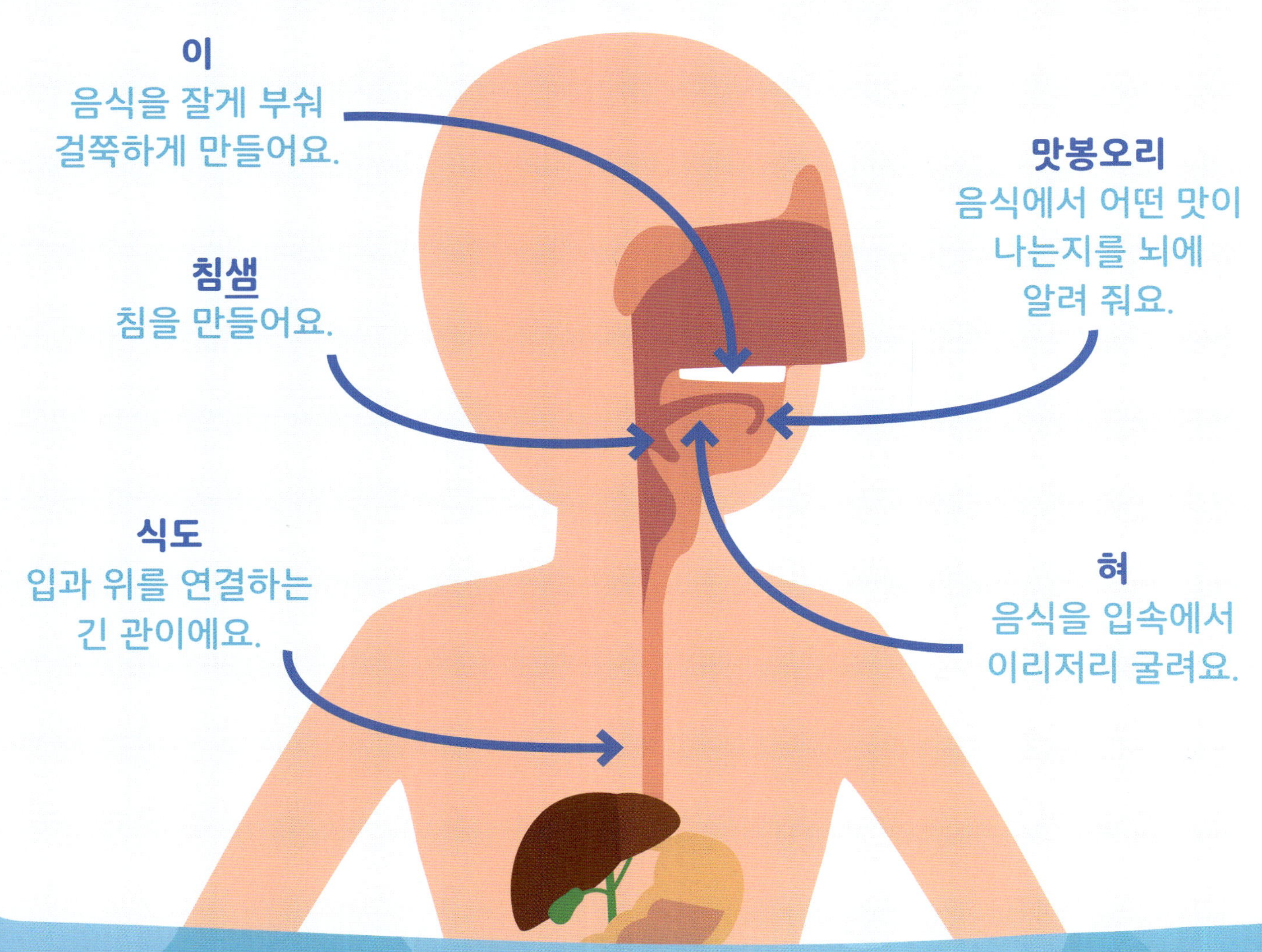

침은 입안을 항상 촉촉하게
적셔 줘요.

침이 없어서
입안이 바싹 말라붙으면,
말을 하거나 음식을
삼킬 수 있을까요?
아마 삼키지 못할
거예요!

11

꼭꼭 씹어 꿀꺽 삼켜요

1단계:
음식을 한 입 베어 무니 침이 주르륵 흘러나와요!

3단계:
혀는 음식을
입안에서 이리저리
굴려요. 그런 다음
목구멍 쪽으로
밀어 넣어요.

4단계:
잘게 부서진 음식 덩어리가 침과 함께 목구멍으로 쑥 내려가요.

침이
주룩주룩

쿵쿵, 맛있는 음식 냄새를 맡았을 뿐인데
입에 침이 고인 적이 있나요?

음식을 곧 먹을 것 같으면 뇌는
침샘을 자극해요. 그래서 입을 침으로
가득 채워 언제든 음식을 먹을 수
있게 준비해 두지요.

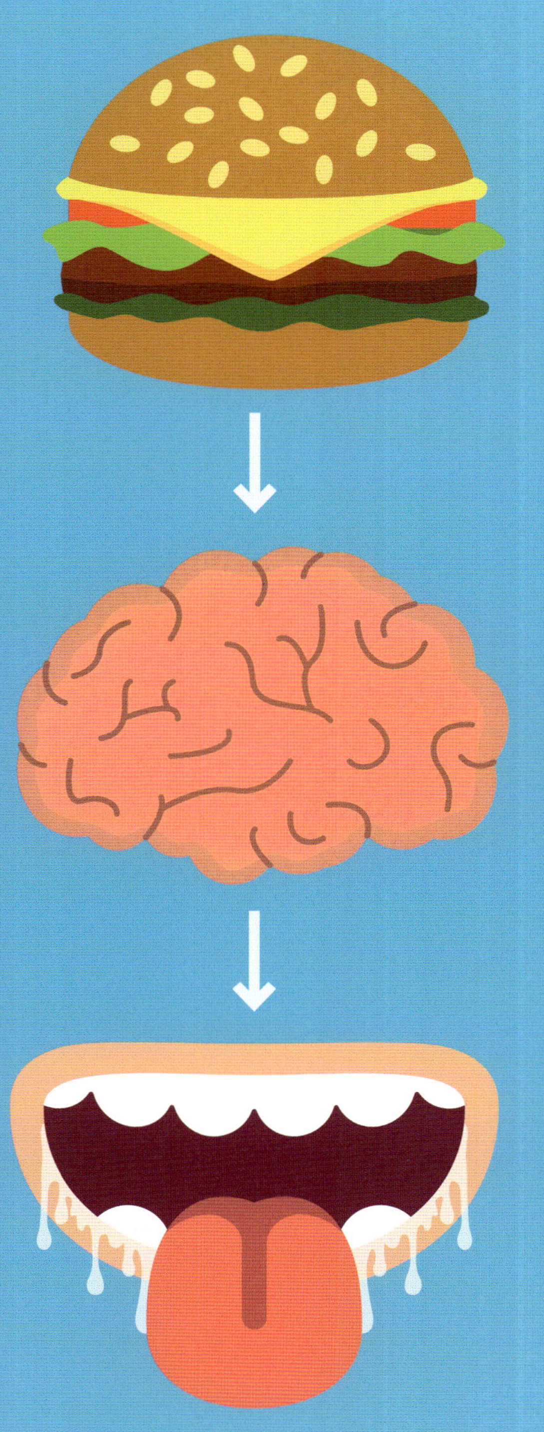

깨어 있는 동안 우리는 침을 꼴깍꼴깍 삼켜요. 하지만 잠을 잘 때는 침을 삼키지 못해요. 그래서 침이 입 밖으로 흘러나오기도 해요.

혀를 쏙 내밀어 봐요

혀는 수천 개의 맛봉오리로
덮여 있어요.

맛봉오리는 음식에서 어떤 맛이 나는지를 뇌에
알려 줘요. 혀는 짠맛, 단맛, 신맛, 쓴맛 그리고
<u>감칠맛</u>을 느낄 수 있어요.

이의 종류

이는 생긴 모양과 크기가 다 달라요. 이 이들이 서로 힘을 합쳐 음식을 자르고 으깨지요.

앞니는 주로 음식을 크게 잘라요.

큰어금니는 이 중에서 가장 커요.
음식을 눌러 으깨지요.

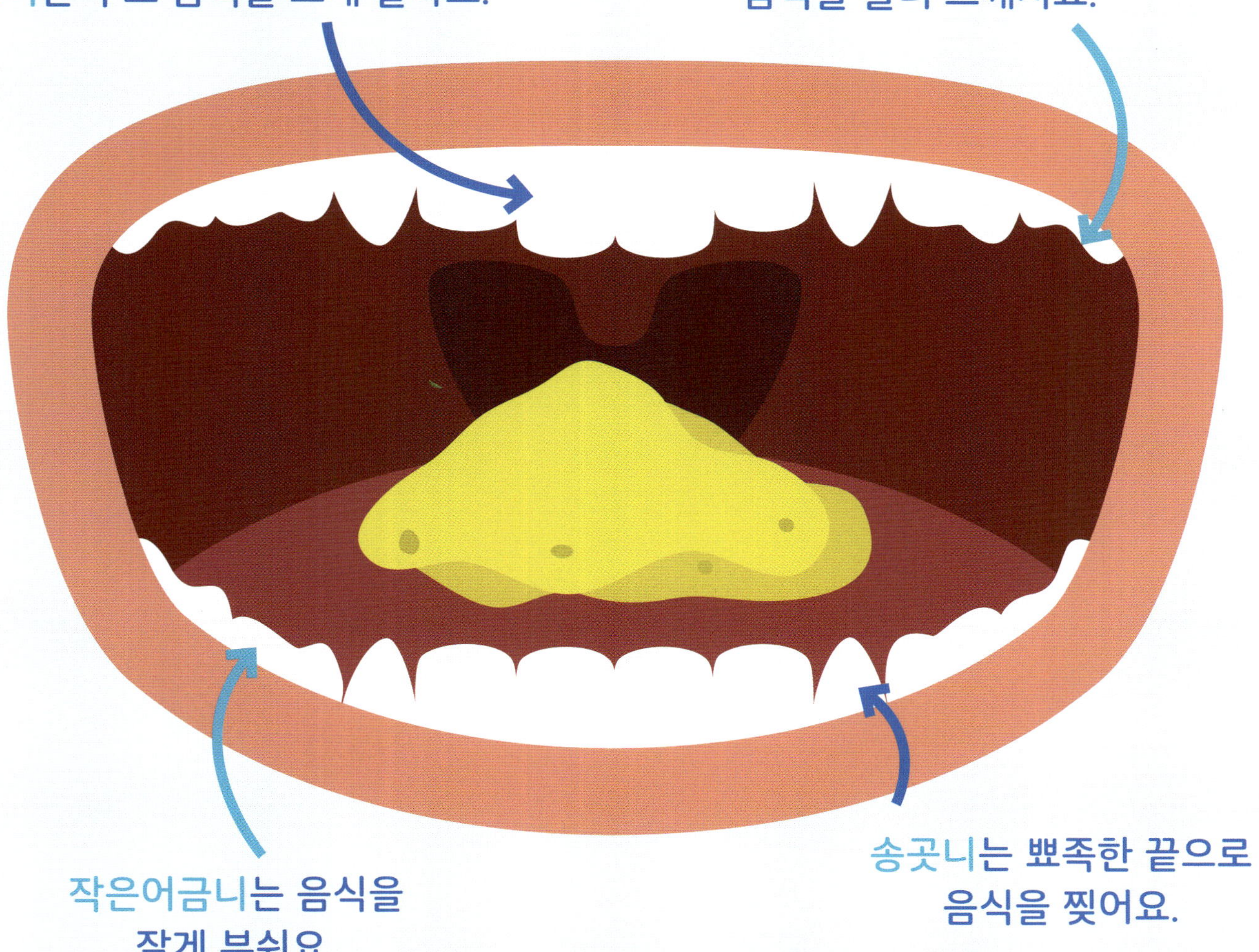

작은어금니는 음식을
잘게 부숴요.

송곳니는 뾰족한 끝으로
음식을 찢어요.

침은 든든한 지킴이

이의 바깥쪽을 덮고 있는 에나멜질은 무척 단단해서 이를 안전하게 보호해 줘요. 그리고 침도 이를 보호해 주지요.

침의 모든 것

침에는 물과 여러 가지
<u>무기질</u>이 섞여 있어요.

침은 약 99퍼센트가
물이에요.

침에는 효소가 들어
있어요. 그래서 음식이
입에 들어온 순간부터
소화가 시작돼요.

침은 입안을 항상 촉촉하게
해 줘요. 우리가 말을
하고 음식을 삼킬 수
있게 도와주지요.

침에는 호르몬도
약간 들어 있어요.

침은
매일 흘러나와서
입을 깨끗하고
건강하게 해 줘요.

침은 이 사이에 낀
음식물 조각들을
싹 씻어내 줘요.

치약처럼
우리가 입에 넣은 것이
침에 섞여 있을 수
있어요.

먼지나 흙이 입에
들어올 수도 있고요!

슈퍼 파워, 침

침에는 여러 가지 슈퍼 파워가 있어요.
알고 있었나요?

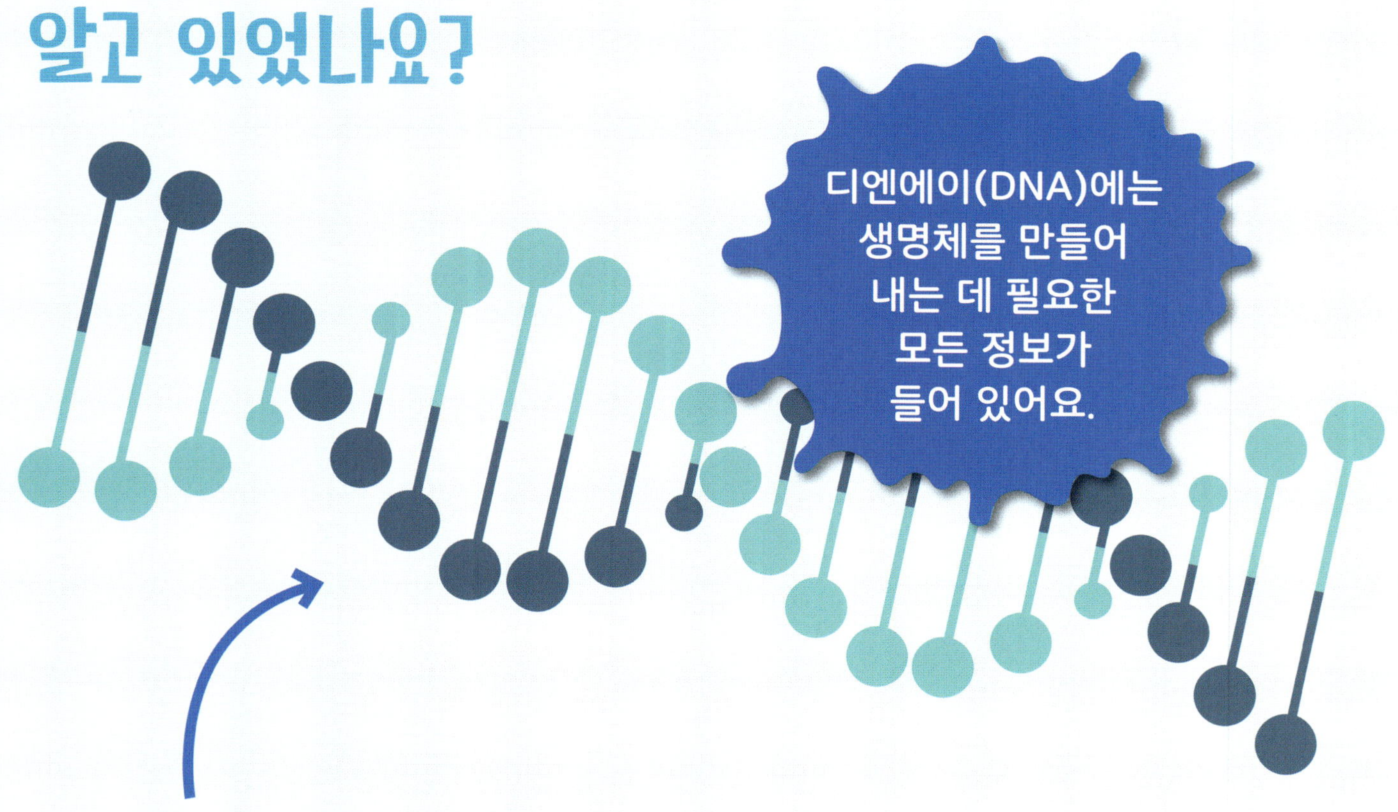

입에서 우리 몸에 대한 정보를 알아낼 수도 있어요. 면봉으로 입 안쪽을 긁어내서 검사하면, 우리의 디엔에이(DNA) 정보가 나오거든요! 침에 섞여 있는 상피 세포에서도 디엔에이(DNA)를 얻을 수 있어요.

침에는 오피올핀이 들어 있어요. 오피올핀은 아주 강력한 진통제로, 아픔을 느끼지 못하게 해 줘요.

흡혈박쥐의 침이 뇌경색 치료에 도움이 된다는 연구도 있어요. 뇌경색은 피가 뇌에서 엉겨 붙어 생기는 병이에요. 흡혈박쥐의 침에는 피가 엉겨 붙지 못하게 하는 효소가 들어 있어요.

세상에, 이럴 수가!

입안에는 침이 있어서
상처가 생겨도 다른 곳보다
빨리 나아요.

침은 1년에
욕조 두 개를 가득
채울 만큼 나와요.

콩팥(신장)처럼, 침샘에서도
돌이 만들어질 수 있어요.

사람 몸에서 떼어낸
가장 긴 침샘의 돌은 길이가
37밀리미터예요.
무게는 3.597그램이고요.

브라이언 크라우스는
'체리씨 멀리 뱉기 대회'에서
체리씨를 28.51미터 멀리 뱉어
세계 신기록을 세웠어요.

긴장하거나 두려우면
침이 덜 나와요. 그래서
입이 바싹바싹 마르는
느낌을 받아요.

무슨 뜻일까요?

감칠맛
17쪽

음식이 입에 당기는 맛이에요.

디엔에이(DNA)
22쪽

세포 속에 있는 물질로 각 개인의 특징을 결정해요. 세포는 생물을 이루는 기본 단위예요.

무기질
20쪽

칼슘, 나트륨, 마그네슘처럼 우리 몸이 제대로 여러 기능을 하기 위해 필요한 영양소예요. 미네랄이라고도 해요.

분해
9, 10쪽

어떤 물질을 보다 간단한 두 개 이상의 물질로 나누는 것을 말해요.

상피 세포
22쪽

우리 입안의 바깥쪽을 둘러싸고 있는 엷은 껍질이 상피예요. 상피를 구성하는 세포가 상피 세포이지요.

소화
8-10, 20쪽

음식의 영양분을 우리 몸이 흡수할 수 있도록 음식을 잘게 쪼개는 일이에요.

샘
10, 12, 14, 25쪽

우리 몸이 필요로 하는 물질을 만들고 내보내는 기관이나 조직을 말해요. 분비샘이라고도 해요. 침샘, 땀샘 같은 외분비샘과 뇌하수체, 갑상샘 같은 내분비샘이 있어요.

세균
19쪽

다른 동물이나 식물에 붙어살면서 병을 일으키거나 발효 작용 등을 하는 작은 생물이에요. 박테리아라고도 해요.

에나멜질
19쪽

이의 바깥쪽을 덮어서 보호하는 단단한 물질이에요.

호르몬
21쪽

우리 몸속에서 나오는 물질로, 몸속 여러 곳으로 옮겨져 여러 가지 기능을 해요.

효소
9, 20, 23쪽

우리 몸속에서 어떤 물질이 다른 것으로 바뀔 때 도와주는 물질이에요. 예를 들어 소화 효소는 음식물이 잘게 쪼개져서 소화되기 쉽게 바뀌도록 도와줘요.

삐뽀삐뽀 우리 몸

왜 침이 나와요?

초판 1쇄 발행 2021년 5월 25일 | 초판 2쇄 발행 2022년 6월 22일
글쓴이 해리엇 브런들 | 옮긴이 이계순 | 감수 서영균
펴낸이 홍성우 | 책임 편집 이정은 | 디자인 박두레 | 표지 그림 안태형
펴낸곳 기린미디어 | 등록 2016년 4월 26일 제 409-2016-000009호
주소 경기도 김포시 모담공원로 17
전화 0505-302-2381 | 팩스 0505-300-2381 | 전자우편 girinmedia@daum.net

ISBN 979-11-91142-23-5 74470
　　　979-11-91142-11-2 (세트)

*책값은 뒤표지에 표시되어 있습니다.
*파본이나 잘못된 책은 구입하신 곳에서 바꿔드립니다.

품명 아동 도서 | 사용연령 5세 이상 | 제조국 대한민국 | 제조년월 2022년 6월 22일 | 제조자명 기린미디어
연락처 0505-302-2381 | 주소 경기도 김포시 모담공원로 17
주의사항 종이에 베이거나 긁히지 않도록 조심하세요. 책 모서리가 날카로우니 던지거나 떨어뜨리지 마세요.
KC마크는 이 제품이 공통안전기준에 적합하였음을 의미합니다.

글쓴이 해리엇 브런들
영국 버밍엄 대학교를 졸업했습니다. <물질> 시리즈, <월드 이슈> 시리즈, <종교> 시리즈를 비롯한 수십 권의 어린이 교양 도서를 썼습니다.

옮긴이 이계순
서울대학교를 졸업했고, 인문사회부터 과학에 이르기까지 폭넓은 분야에 관심을 갖고 공부하는 것을 좋아합니다. 좋은 어린이·청소년 책을 우리말로 옮기는 일에 힘쓰고 있습니다. 옮긴 책으로《캣보이》,《1분 1시간 1일 나와 승리 사이》,《말똥말똥 잠이 안 와》,《지키지 말아야 할 비밀》, <공룡 나라 친구들 시리즈(전11권)> 등이 있습니다.

감수 서영균
서울대학교 의과대학을 졸업한 의학박사, 가정의학과 전문의입니다. KBS <생로병사의 비밀>, 채널A <나는 몸신이다> 등 다수의 프로그램에 출연했습니다. 현재 한림대학교 성심병원 가정의학과 교수입니다.